Jacob Nöggerath

Der Torf

Salzwasser

Jacob Nöggerath

Der Torf

1. Auflage | ISBN: 978-3-84604-662-3

Erscheinungsort: Paderborn, Deutschland

Erscheinungsjahr: 2016

Salzwasser Verlag GmbH, Paderborn.

Nachdruck des Originals von 1875.

Jacob Nöggerath

Der Torf

Salzwasser

Der Torf.

〜〜〜〜〜

Von

Dr. Jacob Nöggerath,

Berghauptmann a. D. und ord. Professor der Mineralogie und der Bergwerks-Wissenschaften
an der Königlichen Universität zu Bonn.

Die Tendenz dieser Blätter geht dahin, den Torf in seinen
sämmtlichen Verhältnissen umrißlich zu schildern, doch soll dabei
sein Vorkommen im deutschen Vaterlande in erster Linie ins
Auge genommen werden. Zwei verschiedene Seiten sind es vor=
züglich, welche sich dabei der Besprechung darbieten: die erste ist
die naturwissenschaftliche, die Beschaffenheit, Entstehung und
Fortbildung des Torfs; die andere greift in das Volkswirth=
schaftliche ein, nämlich die Nachtheile möglichst zu beseitigen,
welche die Torfmoore dem Lande bringen, und gleichzeitig durch
den Abbau und die Gewinnung des nutzbaren Stoffes den von
ihm bedeckten Boden urbar und für den Ackerbau gedeihlich her=
zustellen. Besteht auch bereits eine umfassende Torfliteratur[1],
so dürfte doch dazu das Nachfolgende noch einiges Neue bringen,
welches theils die jüngsten Forschungen auf diesem Gebiete er=
geben haben, theils aber auch Bestrebungen der praktischen volks=
thümlichen Richtung der Neuzeit sind.

Der Torf ist eine schichtenbildende Gebirgsart, eben so wie
Kalkstein, Sandstein, Schiefer, Steinkohlen u. s. w., nämlich

ein Glied der unorganischen Massen, welche die Kruste unseres
Planeten bilden. Er gehört freilich nur zu den jüngsten Ge=
birgsarten, welche die äußerste Oberfläche bedecken und sich noch
immer fortbilden. Seine Genesis beruht auf einem Uebergang
aus dem Organischen zum Unorganischen, vegetatives Leben und
Absterben desselben treten dabei zugleich auf. Während dieselben
Pflanzen an der Oberfläche des Wassers frisch fortwachsen,
sterben sie unter dem Wasser nach und nach ab, und erzeugen
durch Fäulniß, Zersetzung und chemische neue Verbindungen ihrer
Elemente den Torf. Die Entstehung einer Gebirgsart aus
Pflanzen nennt der Geologe die phytogene, welche ebenfalls für
die Braun= und Steinkohlen, wenn auch nicht in ganz gleichar=
tiger Weise, erkannt und angenommen ist. Torf, Braun= und
Steinkohlen sind zugleich mineralische Brennstoffe, der Torf aber
der jüngste nach der Zeit seiner Entstehung und ebenfalls der
am wenigsten ausgebildete. In beider Beziehung stellt sich die
Reihenfolge so: Torf, Braunkohlen, Steinkohlen.

Die Entstehung der Torfmoore wird durch besondere Relief=
Verhältnisse des Landes, der Wasseransammlungen und des
Klimas, so wie durch die damit verbundene Entwickelung einer
eigenthümlichen Pflanzenwelt, welche das Material zum Torf
liefert, und daher die Torfflora genannt wird, bedingt. Ausge=
dehnte Flächen mit muldenförmigen Einsenkungen, von nicht
großer Tiefe, in welchen sich stehende oder langsam fließende Ge=
wässer durch atmosphärische Niederschläge, durch aus dem Boden
aufsteigende Quellen oder durch das Schmelzen des Eises in
Eisfeldern bilden, sind vorzugsweise die Orte der Torfmoore.
Sie verbreiten sich über dem Meere flach zu fallende breite
Küstenstriche und erhabene Plateaus im Rücken oder umgeben
von Gebirgen und hinter ten Moränen von ehemaligen oder

noch bestehenden Gletschern und in breiten sumpfigen Thälern, von Flüssen und Landseen. Kühle, ziemlich gleichbleibende Temperaturen, Schnee, Regen, Nebel und Thau befördern die Torfbildung, daher dieselbe auch in dicht bewaldeten Gegenden vorkömmt. [2])

In den gemäßigten und kalten Zonen sind die Torfmoore bei weitem am häufigsten vorhanden, vorzüglich in Europa und in Nordamerika, in den heißen Zonen dagegen sparsam und meist nur unter dort sehr seltenen Verhältnissen, welche mit den europäischen ziemlich übereinkommen. Das Austrocknen der Sümpfe während der warmen Jahreszeiten in den heißen Zonen erklärt, daß sich dabei kein Torf bilden kann. Schon die pontinischen Sümpfe, die Marammen am Ausfluß des Arno, die Sümpfe von Mondego, des Vouga in Portugal haben deshalb keinen oder doch nur sehr unvollkommenen Torf.

Die Torfflora wird durch eine bedeutende Anzahl von Gattungen und Arten gebildet, es sind vorzüglich diejenigen Pflanzen, welche im Wasser leben oder besonders Feuchtigkeit zu ihrem Bestehen erfordern. In Mitteleuropa gehören dahin allein aus der Familie der Moose 35 Arten. Rechnet man hierzu die Lebermoose, Algen, Farren und Equiseten, so stellen sich mehr als 50 Arten Kryptogamen als Torfpflanzen heraus. Dagegen gehen von den Phanerogamen nur 36 Arten Monocotyledonen und 10 Arten krautartige Dicotyledonen in die Zusammensetzung des Torfes ein. Bei der Torfbildung betheiligen sich aber auch noch andere Pflanzen, welche nicht zur eigentlichen Torfflora gehören und mehr zufällig auf den Torfgebieten wachsen, und darunter auch Bäume und Sträucher der verschiedensten Art, zugleich mit ihrem Laubwerk, den Samen und Früchten. Hierunter ist aber die Flora des seltenen Algen= oder Meerestorfs nicht begriffen, welcher vorwaltend aus Pflanzen besteht, die im Meere leben. Daß sich in heißen Klimaten die Torfflora anders zusammensetzt als in Europa, versteht sich von selbst. Nach Darwin geht in Südamerika gar keine Moosart in den Torf ein. Unter den vielen Pflanzen, welche ihn hier bilden, sind Astelia pumila und Zostera maritima besonders vorwaltend.

Der Torf kann auf jeder Art des unterliegenden Bodens gebildet werden, wenn derselbe nur das Wasser nicht durchläßt. Wir finden ihn auf den verschiedensten Gebirgsarten aufgelagert. In Norddeutschland ruht er meist auf Sandboden, aber dieser wechselt mit wasserdichten Thonlagern, und ebenfalls sind häufig die Zwischenräume des Sandes mit Thon oder Lehm erfüllt. Granit, Gneuß, Glimmerschiefer, Kalkstein und überhaupt jede Gebirgsart kann mit Torf bedeckt sein, wenn sie keine Klüfte hat, in welchen die Wasser in die Tiefe versinken. Letzteres trifft auch bei den Moränen der Gletscher zu, welche aus erdig zerriebenen und aufgelösten Gesteinen bestehen, die eine thonartige Masse bilden. Sogar in dem weiten runden Krater des erloschenen Vulkans vom Mosenberg in der Eifel (Regierungsbezirk Trier) befindet sich ein ausgebildetes Torfmoor. Die Natur der dem Torf unterlagerten Gebirgsarten übt keinen bemerkbaren Einfluß auf seine Beschaffenheit aus.

Die Bildung des Torfs aus abgestorbenen Pflanzen unter Wasser geschieht durch einen eigenthümlichen verzögerten Fäulniß- und Zersetzungsproceß. Die dabei einwirkenden chemischen Aktionen und neu entstehenden Verbindungen der Elementarstoffe sind anders geartet, wie bei der Veränderung der Pflanzen in der atmosphärischen Luft. Je nachdem die chemische Umwandlung kürzere oder längere Zeit gedauert hat, die dabei mitwirkenden äußeren Verhältnisse, Temperatur, Druck u. s. w. modificirt

waren und nach der Verschiedenheit der Pflanzen selbst und ihrer
Bestandtheile, ist das Produkt, der Torf, mehr oder weniger
ausgebildet, so daß sich derselbe in den Extremen in reifen oder
unreifen Torf unterscheidet, wobei natürlich alle dazwischen lie=
genden Grade der Ausbildung ebenfalls vorkommen. Zu den
leichten unreifern Torf=Varietäten gehören Moostorf, Gras=
oder Wiesentorf, Haide= oder Hochmoortorf (Hagetorf), Blätter=
oder Waldtorf, Algentorf (Meertorf); zu den schwerern und
reifern: Staubtorf (Bank= oder Torferde, Schollerde z. Th.),
Pechtorf (Stich= oder Specktorf), Schlamm=, Streich= oder Bagger=
torf, Torfkohle (selten), Vitrioltorf. Den Holztorf oder das
Torfholz könnte man zwischen beide Reihen setzen.

Die chemischen Hergänge bei der Torfbildung hat Senft
bis ins größte Detail geschildert, weshalb wir auf sein in den
Anmerkungen angeführtes Buch verweisen. Gedrängt und wesent=
lich sind sie in folgenden Worten von Lasius zusammengefaßt:
„Im Allgemeinen gehen bei der Verwesung oder vollständigen
Zersetzung vegetabilischer Stoffe deren drei Bestandtheile, Kohlen=
stoff, Wasserstoff und Sauerstoff, neue Verbindungen ein; es
verbindet sich in der entstehenden Gährung ein großer Theil des
Kohlenstoffs mit Sauerstoff und entweicht als Kohlensäure;
Wasserstoff vereinigt sich mit dem Stickstoff der Atmosphäre zu
Ammoniak; ein anderer Theil des Kohlenstoffes verbindet sich
mit anderen Theilen Sauerstoff zu Humus; kurz es entstehen
die gewöhnlichen Verwesungsprodukte. Werden aber Vegetabilien
von Wasser bedeckt und in einer niedrigen Temperatur erhalten,
so tritt statt jener Gährung eine Zersetzung anderer Art ein, bei
welcher der Kohlenstoff fast vollständig erhalten bleibt, nur daß
er mit gewissen Antheilen Wasserstoff und Sauerstoff neue Ver=
bindungen eingeht, von denen einige als Wachs und Harz, die

beiden vorwaltenden aber, als Ulmin und Humin auftreten, welche letztern dann wieder mit der erforderlichen Menge Sauer= stoff Ulminsäure und Humussäure bilden, und, mit Alkalien und Ammoniak verbunden, meistens als ulmin= und humussaure Salze erscheinen"[3]).

Die Torfablagerungen theilen sich gewöhnlich in drei Schichten von verschiedener Mächtigkeit, die sich durch den Grad der Aus= bildung des Torfs unterscheiden, aber meist wenig scharf be= grenzt sind. Gewöhnlich besteht die unterste Schicht aus schwarzem oder schwarzbraunem amorphen, mehr oder weniger reifem Torf; die mittlere ist hellbraun und besteht aus einem Gemenge von amorpher Torfmasse und wenig erkennbaren Pflanzenstengeln und Wurzeln; die oberste ist gelbbraun und von einem Filze gut erkennbarer Pflanzenreste gebildet. Die Verschiedenheit der Pflanzen charakterisirt ebenfalls die Schichten, z. B. ist die un= terste Schicht aus vertorften Baumstämmen zusammengesetzt, während die obern Schichten blos Sumpf= und Wassergräser enthalten. In Seeland sind die Schichten durch Zwischenlager von Dünensand mehrmals abgetheilt, anderwärts kommen solche Zwischenlagen von Thon oder erdigem Kalktuff vor, in welchem oft zerdrückte Süßwasser= Conchylien enthalten sind (in Bayern Alm genannt). Am Ausfluß des Laacher Sees lagert mäch= tiger Torf, welcher mit Schichten von zahlreichen Schnecken und Muscheln, deren Arten auch noch im See leben, wechselt.

Ebenfalls ist die Ausbreitung der Moore, welche von den Oberflächen= und Wasserverhältnissen abhängt, sehr verschieden, in einigen Gegenden nehmen die Moore große Landestheile ein, z. B. schätzt man in Südbayern ihre Ausbreitung gegen 20 Quadratmeilen, im nordwestlichen Deutschland zu 120 bis 130 Quadratmeilen, und noch viel größer sind sie im uralschen Ruß=

land. Die Abflüsse größerer Moore bilden in mehreren Gegenden den Ursprung von Flüssen und Strömen.

Die Torfmoore werden im Allgemeinen in Deutschland mit verschiedenen Namen belegt, welche nach den Landestheilen meist von einander abweichen. Man nennt sie: Brüche, Broiche, Venn, Viehn, Wehr, Riede, Lohden, Möser, Luche, Ferchen, Filze. Nach ihrer Beschaffenheit lassen sie sich in vier Abtheilungen bringen.

1. Wiesen= oder Grönlandsmoore. Zu ihnen gehören auch viele sogenannte nasse saure Wiesen. Sie bilden sich in nicht sehr wasserreichen Sümpfen, vorherrschend an den Ufern und in der nächsten Umgebung von Gewässern, breiten Flußthälern und auch in Seebecken. Ihre Pflanzen sind vorwaltend verschiedene Cyperaceen, vorzüglich die sogenannten Riedgräser, unter diesen namentlich Carex stricta, paradoxa, capitata, weniger Eriophorum vaginatum, verschiedene Arten von Pedicularis, Scirpus und Juncus, Glyceria fluitans, Orchis palustris und Equisetum ramosum. Auch einige schilfartige Pflanzen kommen vor, besonders in den ersten Stadien der Entstehung der Wiesenmoore. Die Sphagnen fehlen ganz. Der Torf ist wenig mächtig, 3 bis 7 Fuß, selten 8 bis 10 Fuß.

2. Moos=, Haide= und Hochmoore. Zu ihnen gehören die meisten großen Moore, besonders in den Küstenländern. Hochmoore nennt man sie, weil sie sich meist an ihrer Oberfläche gewölbeartig erheben, nach der Mitte hin auf 16 bis 40 Fuß über ihre Umgebung. Diese Erscheinung wird durch die Capillarkraft der über ihre Oberfläche wachsenden Pflanzen und die Entwickelung von Gasen aus der unter der vegetirenden Decke befindlichen in der Zersetzung begriffenen Pflanzen hervorgebracht, das Wasser steigt dadurch über sein Niveau in die Höhe. Die ersten

Bilder dieser Moore sind die Wassermoose, namentlich Sphagnum capillifolium, cuspidatum, molluscum und subsecundum. Wenn sie eine schwammige Decke gebildet haben, erscheinen darüber die Haiden (Eriken), vor allen die Calluna mit ihren Gesellschaftern, der Moorhaide (Oxycoccos vulgaris), dem Sumpfpost (Ledum palustre), der Andromeda (Andromeda polifolia), der Rauch= beere (Empetrum nigrum), der Sumpfbeere (Vaccinium uliginosum) und den Wollgrasbüscheln (Eriophorum vaginatum) und vollenden mit jenen Moosen und verschiedenen Flechtarten das Moor. Der Torf der Hochmoore ist viel mächtiger, als derjenige der Wiesenmoore, 25 bis 40 Fuß Mächtigkeit ist nicht gerade selten.

3. Mischmoore. Sie vereinigen den Charakter der Wiesen= und Hochmoore in der Weise, daß mehr oder minder große Strecken oder Inseln der Flora der einen oder der andern jener Moore dabei vorkommen. Hochmoore umschließen Wiesenmoore oder umgekehrt. Sie lagern immer auf einem Terrain, welches mit Sand= und Lehmhügeln durchzogen ist.

4. Algen= oder Meermoore. Sie sind selten, und kommen nur an brakischen Küsten vor. Sie sind hauptsächlich aus Meeres= pflanzen gebildet. In der Vendée zwischen Chaume und Les Granches enthalten sie Fucus und Ulva, an der Küste von Mecklenburg auf der Halbinsel Oreland Seealgen in ganzen Schichten. Auf der Insel Alsen besteht der Torf aus Seegräsern. MacCulloch erwähnt einen Meertorf, welcher aus Glaux, Salicornia, verschiedenen Riedgräsern, Binsen und Zostera maritima zusammengesetzt ist.

In schichtenförmigen Lagern findet sich an vielen Orten ein nutzbares Eisenerz, Raseneisenstein, Sumpf= und Morast= oder Wiesenerz genannt, in Begleitung des Torfs, kömmt aber auch für sich allein vor. Bald liegt es unten, bald zwischen und bald auf dem Torf in einer Mächtigkeit von einigen Zollen bis 4 und 5 Fuß. Diese Eisensteine sind braungelb bis schwarz von Farbe, dicht oder erdig, oft löcherich und wie zerbrochen aussehend, und bestehen aus einem phosphorsäurehaltigen Eisenoxydhydrat. Die Sumpferze entstehen aus der Wechselwirkung der in der Zersetzung begriffenen Torfpflanzen auf eisenhaltige unterliegende Gebirgsarten und auf die Wasser, welche den Eisengehalt denselben entziehen. Thierische organische Thätigkeit ist dabei mit im Spiele, indem der Eisenstein zum großen Theile aus den eisenhaltigen Panzern eines Infusionsthierchens — Gallionella feruginea — besteht, welches nicht dicker als ein Menschenhaar ist. Gleich wie der Torf bildet sich das Eisenerz noch immer fort, wo die Bedingungen dazu vorhanden sind. Eine besondere schlammige Abänderung desselben, Seeerz genannt, gewinnt man in Schweden mit dichten Netzen aus kleinen Seen. Die Eisenerze werden in vielen Eisenhütten verschmolzen, namentlich in der Rheinprovinz, in der Lausitz, in Schlesien, Pommern, Polen, Norwegen, Schweden, im nördlichen Rußland u. s. w. Das daraus erzeugte Eisen ist zwar, wegen seines Gehalts an Phosphorsäure, kaltbrüchig, erfüllt aber bei seiner Leichtflüssigkeit die Formen gut, dünne und glattflächige Eisenwaaren werden dadurch erzielt. Zur Verarbeitung als Schmiedeeisen ist es weniger geeignet.

In untergeordneter Menge kommen im Torf an einigen Orten noch folgende mineralische Substanzen, meist Neubildungen, vor: Schwefelkies, Eisenvitriol und Schwefel, Gyps, schwefelsaurer Thon, Bittersalz, Kochsalz (letztes in Holland), Eisenblau oder Vivianit (phosphorsaures Eisenoxydul-Oxydhydrat) und noch einige mineralische Salze von sehr geringer Bedeutung.

Bernstein hat man nur selten im Torf der Mark Brandenburg gefunden.

Die gewölbten Hochmoore bieten einige erwähnungswerthe Erscheinungen dar. Bleibende Zerreißungen der Moordecke, welche sich strahlenförmig von ihrer Mitte ausdehnen, erzeugen die Moorbäche, welche von dem Höhenpunkt des Moores nach allen Seiten abfließen. Aber viel größere und von Zerstörungen begleitete Ereignisse sind die sogenannten Moordurchbrüche, welche insbesondere in dem moorigen Irland öfters vorkommen. Zerreißt nämlich die durch Gase und Wasser hochgespannte verfilzte Decke ausgedehnter Moore plötzlich, so stürzen mächtige Schlammströme hervor, und richten bedeutende Verheerungen an. Von vielen Beispielen dieser Art mag hier nur eines angeführt werden, um ein Bild der Großartigkeit solcher Ereignisse vorzuführen. Bei Talamore zeigte sich zuerst am 25. Juni 1821 eine starke Bewegung im Moor auf mehrere englische Meilen weit, in Begleitung eines heftigen donnerartigen Getöses. In der Gegend von Kinalady brach die Moordecke auf, und ein starker Moorstrom stürzte hervor. Alles auf seinem Wege, Häuser und Wälder wurden fortgerissen. Die Strommasse glich dem heftig gährenden Bier. Der Strom hatte theilweise eine Tiefe von 60 Fuß, 3000 Menschen waren beschäftigt einen 7 Fuß hohen Damm dem Strome entgegenzusetzen, aber fruchtlos, er brach durch, und über 5 engl. Quadratmeilen Landes blieben verwüstet.

Die sogenannten „schwebenden oder schwimmenden Inseln" sind größere Torfmassen, man könnte sagen größere Lappen von Torf, welche sich vom Lande aus an den Ufern der Landseen in dieselben verbreiteten und aus ihrem ursprünglichen Zusammenhange losgerissen wurden, oder es sind Torfbildungen im Grunde der Seen selbst, welche aus diesen aufsteigen. Die geringe specifische Schwere erklärt das Schwimmen auf dem Wasser. Sogar können in solcher Weise Seen ganz mit Torf bedeckt und erfüllt werden; nach Ludwig gibt es im uralischen Rußland Seen, welche mit einer so starken Moordecke bekleidet sind, daß Fahrstraßen über sie hinführen. In Piemont sind alle Torfmoore von einiger Ausdehnung durch solche Seen entstanden. Man kennt schwimmende Inseln, welche zeitweise untersinken und wieder auftauchen. Geschieht dieses Untersinken im Herbst, so wird es wohl ähnlich hervorgebracht, wie bei den Algen und Wasserlinsen, daß sich bei der eintretenden verminderten Temperatur die Masse zusammenzieht und durch ihre Schwere untersinken muß; beim Wiederauftauchen im Sommer spielt dann auch die reichlichere Entwickelung von Gasen im Torf ihre Rolle. Diese Erscheinung zeigt sich z. B. im Beeler und Clevesetzer See in Holstein. Eine große backofenförmig aufgeblähte Torfmasse, welche durch Gase aus der Tiefe des Sees aufgetrieben wird, zerplatzt in der Mitte, so daß ihre ringsum aufstrebenden Stücke einen Kugelmantel bilden, welcher sich nach und nach wieder senkt. Dieser Hergang erinnert an die bereits geschilderten Moorausbrüche. Ein ausgezeichnetes Beispiel einer größeren schwimmenden Insel bot früher der Gerdauer See in Preußen dar. Auf ihr konnten hundert Stück Vieh weiden. Im Jahr 1767 wurde dieselbe aber in kleinere zerrissen und jetzt sind nur noch wenige Ueberreste davon erhalten. Unfern St. Omer befinden sich Torfinseln mit Pflanzen und Buschwerk, theils einige hundert Fuß lang, andere viel kleinere. Nicht überall konnte man darauf herumgehen, es war als trete man auf einen mit Wasser erfüllten Schwamm, und entstandene Löcher brachten öfters große Gefahr. Im Sommer trieben die Inseln nach den verschiedensten Richtungen. Im herannahenden Winter wurden sie aber gewöhnlich mit dem darauf befindlichen Vieh an bestimmte Orte geführt. Ihre Zahl hat sich schon seit langen Jahren immer vermindert, sie wurden schwerer und sind jetzt mit dem Lande vereinigt. Eine der größeren schwimmenden Inseln befindet sich im Neusiedler See in Ungarn, sie hat einen Flächenraum von sechs Quadratmeilen. Berühmt sind die schwimmenden Inseln in Mexico durch ihre üppigen Gemüsegärten. Im uralischen Rußland und in China sind sie sehr zahlreich.

Mit den Torfmooren, welche Baumstämme enthalten, stehen die sogenannten „untermeerischen Wälder" in unmittelbarer Beziehung, die Bildungsursache ist wesentlich dieselbe. Sie finden sich im Meere in verschiedenen Gegenden von Großbritanien und von Nord=Frankreich. Es sind Anhäufungen von Bäumen und andern Pflanzen der heutigen Flora in Torf umgewandelt, welche unter dem Wasserstande der Meeresfluth lagern. An der Küste von Lincolnshire und von Firth of Foth in Schottland sind sie in besonderer Auszeichnung bekannt. Sie ruhen hier auf Thon, welcher zahlreiche Pflanzenwurzeln enthält. Darauf liegt der Torf, welcher die gewöhnlichen Moorpflanzen, vermengt mit Wurzeln, Blättern, Zweigen von Eichen, Erlen, Haseln u. s. w. enthält. Baumstubben erheben sich vertikal, wie sie gewachsen sind, an der Oberfläche, welche 4 bis 5 Fuß unter der Fluth=marke liegt. Aehnlich ist die Erscheinung an sehr vielen Punkten nachgewiesen. An der Küste von Nord=Frankreich hat Gillet=Laumont bei Morlaix im Finistère=Departement eine in das Meer sich verbreitende Torfablagerung auf sieben Stunden Länge verfolgt, welche einen niedergeworfenen Wald von Eichen, Buchen, Eiben und Weiden in sich schließt.

Man hat die Erscheinung dadurch zu erklären gesucht, daß Senkungen des festen Landes unter das Meeres=Niveau statt=

gefunden hätten. Diese Möglichkeit kann nicht verneint werden, besonders für solche untermeerische Wälder, welche sich in großer Verbreitung in das Meer erstrecken; aber es ist auch noch eine andere Erklärung, wenigstens bei Moorablagerungen von geringerem Umfange anzunehmen, nämlich daß sich hinter Sanddünen stagnirende süße Gewässer bildeten, deren Boden unter dem Meeresspiegel lag und in denen nach und nach Torf sich bildete. Die vorliegenden Dünen und Bänke brauchten nur zerstört, weggeschwemmt und die Verbindung der Torfablagerung mit dem Meere bewirkt zu sein. Für diese Erklärungsweise sprechen folgende Erscheinungen. Es haben nämlich die Torfmoore an verschiedenen Orten der Ostseeküsten bei Greifswalde, bei Gnageland auf der Südostseite des Haffs, bei Swinemünde, auf der Insel Usedom und in der Nähe von Colberg in ihrer Zusammensetzung eine große Aehnlichkeit mit den untermeerischen Wäldern. Die Unterlage derselben liegt an vielen Punkten 10 bis 12 Fuß unter dem Spiegel der Ostsee. Von dem Meere sind dieselben durch einen mehr oder weniger breiten Küstenstreif, durch Dünen und Sandbänke getrennt, unter welchem sie nicht fortsetzen. In dem Torfe finden sich keine Spuren von Meerpflanzen, sondern nur Land=, Sumpf= und Süßwasserpflanzen, ebenso die Samen derselben. Baumstämme mit ihren Wurzeln, Eichen und Fichten kommen darin vor. Die Wurzeln finden sich in ihrer natürlichen Lage, selbst mehrfach über einander, noch bis 5 Fuß unter dem jetzigen Meeresspiegel. Wenn bei diesem Vorkommen der schmale Küstenstreif von Dünen und Sandbänken weggeschwemmt würde, so hätten wir auch hier ein unverkennbares Beispiel von untermeerischen Wäldern.

Der Torf entsteht unter unsern Augen, die Zunahme der Dicke seiner Schichten, das sogenannte Nachwachsen, ist be=

greiflich von den mehr oder weniger dafür günstigen Verhält=
nissen abhängig. Ein bestimmtes Maaß für eine bestimmte Zeit
läßt sich daher dafür nicht angeben. Lesquereux hat nachgewiesen,
daß das Nachwachsen des Torfs im Jura nur selten weniger als
zwei Fuß im Jahrhundert beträgt, aber auch wohl doppelt so
viel betragen kann; er führt sogar ein Beispiel an, daß nach
Gewinnung des Torfs die Neubildung in der alten Grube in
70 Jahren 6 Fuß, und in einem andern in 140 Jahren nur
4 Fuß betragen habe. Anderwärts hat man noch stärkere Nach=
wüchse beobachtet, selbst in 30 Jahren 4 bis 6 Fuß. Aus der
genauen Lokalbeobachtung würde man selbst den Nachwuchs des
Torfs, wie den der Wälder berechnen können. Ungeachtet dieser
scheinbar günstigen Verhältnisse ist es doch nur bei vereinzelten
Versuchen geblieben, die ausgenommenen Torfgruben wieder zur
neuen Torferzeugung zu verwenden. Es dürfte unter allen
Umständen ökonomisch vortheilhafter sein, den ausgetorften Boden
für den Ackerbau herzustellen, als den Nachwuchs des Torfs zu
cultiviren.

Sind die Verhältnisse nicht mehr vorhanden, über welchen
sich Torf bilden kann, fehlt z. B. das Wasser, vertrocknet das
Moor, so hört der Nachwuchs auf. Unbezweifelt hat in dieser Weise
in vielen alten Mooren der Nachwuchs des Torfes schon in sehr alter
Zeit aufgehört, in anderen kann er aber Jahrhunderte lang nur unter=
brochen gewesen sein. So rechtfertigt sich der Ausspruch von Cu=
vier, daß die Torfablagerungen nicht zu einem Chronometer benutzt
werden können, um das Alter des jetzigen Zustandes der Erd=
oberfläche zu bestimmen. Dabei fehlt es aber doch nicht an Be=
weismitteln, daß mancher Torf sehr alt ist. Selbst ohne be=
deutende klimatische Veränderungen kann die Vegetation einer
Oertlichkeit von einer andern eingenommen werden, Wälder

von einer beſtimmmten Holzart können abſterben und Bäume
ganz anderer Art an ihre Stelle treten, wenn der Boden nicht
mehr die nöthigen Nahrungsſtoffe für die frühere Vegetation
enthält. Ferner können Orkane ganze Wälder umwerfen und
vernichten. Abſichtliche Zerſtörungen von großen Waldſtrecken
weiſt auch die Geſchichte nach. Bei Ereigniſſen der einen oder
der andern Art können ſich ſpäter in ſolchen Gegenden Torfmoore gebildet haben, wobei das an Ort und Stelle verbliebene
Holz bei ſeiner Fäulniß und Zerſetzung den erſten Impuls zur Torfbildung abgab. De Luc erinnert hierbei an die Zerſtörungen
der Wälder in Deutſchland auf Befehl von Severus und anderer
römiſcher Kaiſer. Man hat wirklich in verſchiedenen Gegenden
durchgeſägte Bäume und ſolche mit Arthieben, ſelbſt hölzerne,
ſteinerne und eiſerne Keile, die beiden letztern von antiker Art,
im Torf gefunden. Jene verſchiedene Zerſtörungsweiſen von
Wäldern erklären nicht allein das häufige Vorkommen von Baum-
ſtämmen im Torf, ſondern beſonders auch, daß z. B. in Dänemark verſchiedene Holzarten, jede in abgeſonderter Schicht, über
einander im Torfe abgelagert ſind. In den Waldmooren jenes
Landes erkennt man von unten nach oben drei Schichten von
verſchiedenen Baumarten mit Zwiſchenlagern von Moostorf. Es
ſind darin drei Perioden charakteriſirt, die älteſte iſt die der
Kiefer (Pinus sylvestris), die zweite iſt die der Eiche, in der
dritten, jüngſten, kömmt erſt die warzige Birke (Betula veru-
cosa) vor. Die Zitterpappel (Populus tremula) findet ſich dagegen in allen Schichten vor. In der Kieferſchicht liegen Werk-
zeuge von Feuerſtein, dem prähiſtoriſchen Steinalter angehörig,
und ſelbſt wurden ſolche noch in der Schicht mit Eichen aufgefunden. In dieſer aber allein die einer viel ſpätern Zeit ange-
hörigen Geräthſchaften von Bronze. Mehrere analoge Beiſpiele

der Uebereinanderlagerung verſchiedener Baum=Vegetationen im Torf ſind auch anderwärts bekannt.

Andere Torfmoore liefern ſogar den Beweis, daß ſie ſchon in der Eiszeit von Mitteleuropa entſtanden ſind. Dr. Alfred Nathorſt hat im Jahr 1872 zum Zwecke der Erforſchung des höchſten Alters der Torfmoore eine eigene Reiſe in Deutſchland, der Schweiz und in England gemacht, und ihre Reſultate mit andern fremden ähnlichen Ermittelungen zuſammengeſtellt. Seine Beiſpiele ſind umfaſſend und beziehen ſich auf ſchwediſche, däniſche, mecklenburgiſche, bayeriſche, ſchweizeriſche und engliſche Lokalitäten. Ein Beiſpiel davon ergibt ſich aus dem folgenden Profil einer Torfablagerung in Seeland (Dänemark).

Poſtglaciale Formation.	Torf mit	Quercus sessiliformis und robur
		Pinus sylvestris
		Populus tremula, nach unten Betula nana
	Thon mit	Betula nana, Salices, darunter Salix herbacea, Salix reticulata
		Dryas octopetala, Citheridea tortosa, Limnea limosa
		Salix polaris.
Eiszeit.		Eckige Geſteinsbrocken.
Interglaciale Formation.	Thon mit	Salix polaris, Dryas octopetala, Limnea torosa
Eiszeit.		Eckige Geſteinsbrocken.

Das Profil erklärt ſich durch ſich ſelbſt. Die erkannten Pflanzen dieſes Moors ordnen ſich nach den Klimaten, welche ſie im Leben erforderten, zu oberſt die heutigen der Gegend bis herab zu den arktischen oder zu denjenigen der Eiszeit. Die Thone bezeichnen Gletscherschutt und die zwei Schichten eckiger Gesteinsbrocken könnten sogar auf zwei getrennte Eiszeiten hindeuten.

Professor Zittel (Sitzungsberichte der mathemat. physikal. Klasse der k. B. Akademie der Wissenschaften. 1874, Heft III, S. 252 ff.) hat jüngst ausgezeichnete und ausgebreitete Gletscherspuren der Eiszeit in der bayerischen Hochebene nachgewiesen, deren Gebiet sich sogar bis in die Gegend von München erstreckt. In den alten Gletscherablagerungen fand sich in einer Torfschicht ein wundervoll erhaltenes Skelet von Rhinoceros tichorhinus, mit vier Backzähnen vom Mammuth, Knochen von Pferd, von Bos priscus (?), Edelhirsch und Geweihe-Stücke vom Rennthier. Aus den genauen Untersuchungen der Lagerungsverhältnisse hat sich folgendes Profil von unten nach oben ergeben:

A. Vor der Eiszeit.

Loses geschichtetes Diluvialgerölle oder feste Konglomerate aus kalkigen und krystallinischen Gesteinen.

B. Eiszeit.

Entweder deutliche Gletscherspuren, Kies mit geritzten Geschieben, Blocklehm, Grund- und Erdmoränen, geritzter Gletscherboden, Moränenlehm oder Löß und Lehm, alpine und noch jetzt in Südbayern lebende Conchylien, endlich auch Torf mit den vorangegebenen Thierresten.

C. Nach der Eiszeit.

Jüngerer geschichteter Kies, Torfmoore mit Betula nana, Salix herbacea und Dryas octopetala.

Hiernach hätten wir in diesem Gebiet Torf in und nach der Eiszeit.

An diese Beobachtungen reihen sich die Untersuchungen von

dem bekannten Reisenden im hohen Norden, Ch. Martins, über die lebende Flora in den Torfmooren des Neuenburger Jura und in der Gegend von Gais (Kanton Appenzell), welche über alten Gletscherschutt sich ausbreiten. Er sagt: „Als ich zum erstenmal im Jahr 1859 die Flora der Torfmoore im Thale des Ponts, in 1000 Meter Meereshöhe, im Neuenburger Jura erblickte, glaubte ich die Landschaft von Lappland vor mir zu haben, welche ich vor 20 Jahren untersucht hatte. Nicht allein die Arten von Pflanzen, sondern sogar die Varietäten waren dieselben." Aehnlich verhielt es sich überall im Jura und im Kanton Appenzell bei ungefähr gleicher Höhenlage der Torfmoore. Nach seiner genauen Untersuchung befaßt die lebende Flora dieser Punkte im Ganzen 180 phanerogame Pflanzenspezies, und darunter befinden sich 70, welche dem höchsten Norden, nämlich Spitzbergen, Nowaja Semlja und Grönland angehören. Die Ursache dieses Fortbestandes der lebenden Flora aus der Eiszeit liegt in dem kalten und feuchten Klima jener schweizerischen Gegenden, welches fast mit demjenigen von Lappland gleichkömmt. Aehnliche Beobachtungen sind auch von anderer Seite über die Flora auf den Torfmooren bei den Gletschern an den höchsten Gebirgspunkten der Vogesen gemacht worden.

Einen weitern schönen Beweis für das hohe Alter vom Torf verdanken wir dem ausgezeichneten Naturforscher Oscar Fraas durch seine Entdeckungen bei Schussenried in Oberschwaben. Hier fand man eine Ablagerung von Torf, unter dieser Kalktuff und darunter eine sogenannte Culturschicht, welche unmittelbar auf Kies ruhete. Dieser Kies weist auf alte Gletscher hin. Die Culturschicht, eine Schlammlage von bis 5 Fuß Mächtigkeit, enthielt sehr zahlreiche und überzeugende Kunde von Objecten, welche beweisen, daß sie von prähistorischen Menschen aus der

Rennthierzeit herrühren, und zuverlässig hinterlassene Küchen= und andere Abfälle sind. Man fand darin und zwar, wie es scheint in einer Vertiefung, von zoologischen Resten sehr viele Knochen von Rennthieren zusammen mit Knochen von nordischen Raubthieren, nämlich vom Vielfraß (Gulo spelaeus oder borealis), Goldfuchs, Eisfuchs, Bär (Ursus arctos), Wolf, einzelne Knochen vom Hasen, dann ferner von einem kleinen Ochsen und einer großkopfigen Pferdeart und endlich vom Singschwan (Cignus musicus), der im hohen Norden auf Spitzbergen und in Lappland brütet, von der Moorente (Fulgula, Spezies unbestimmt), Fröschen und einem großen Fisch. Keine Spur von Menschenknochen wurde gefunden, die man aber auch zwischen den weggeworfenen Abfällen nicht erwarten konnte. Ferner enthielt die Culturschicht viele verarbeitete und rohe Steine, Feuersteine in unbrauchbaren Splittern oder zu Pfeilen und Lanzenspitzen zugeschlagen, Sandsteine von hackemesserartiger Form, Rollkiesel aus den Gletschern herrührend, vielleicht zum Schleudern bestimmt, vom Feuer geschwärzte Schiefer= und Sandsteinplatten; endlich mannichfach bearbeitete Nadeln, Pfriemen und Angeln aus Bein und den Zinken der Rennthiergeweihe, andere aus Holz u. s. w., alles in sehr primitiver Darstellungsweise, das meiste schadhaft und offenbar zum Fortwerfen bestimmt. Für unsere Zwecke sind aber die in der Torfschicht gefundenen Moose wichtig. Nach der Untersuchung des ausgezeichneten Mooskenners, Prof. Schimper in Straßburg, waren es durchweg nordische und hochalpine Formen, nämlich vorherrschend Hypnum sarmentosum, Wahlenberg, dann auch Hypnum aduncum, Hedw., welche Schimper mit der Varietät Kneifflii groenlandicum vergleicht, und Hypnum · fluctuans var. tenuissimum, welches heutzutage auf sumpfigen Wiesen innerhalb der Alpen und im arktischen

Amerika wächst. Also entstand der Schuffenrieder Torf in einer Epoche, welche sehr nahe auf die europäische Eiszeit gefolgt ist.

Von dem großen gehörnten Ur (Bos primigenius), vielleicht dem Stammvater unseres Hausochsen, sind mehrmals Knochen im Torf gefunden worden, so u. a. ein ganzes Skelet bei Grevenbroich im Regierungsbezirk Düsseldorf, welches sich im Besitze des Gymnasiums zu Düsseldorf befindet. Ist es auch zweifelhaft, ob diese Ochsenart noch in der historischen Zeit lebte, so würde doch ihr Fund im Torfe für ein hohes Alter des letzteren sprechen.

Aehnliches läßt sich von zwei andern Säugethier-Species sagen, deren Skelete auch im Torf vorkommen, nämlich des Riesenhirsches oder des Riesenelenns (Cervus megacerus oder euricerus) und des großen Mastodont's (Mastodon giganteus).

Von dem erstern fand man im irländischen Torf ein Gerippe mit aufgerichteter Nase, das große schaufelförmige Geweihe auf den Schultern zurückgeworfen, als wären die Thiere in dem Moore versunken und erstickt. Ueber die Zeit, in welcher diese Thiere gelebt haben können, habe ich mich an einem andern Ort wie folgt geäußert: „Nees von Esenbeck hat zuerst darauf aufmerksam gemacht, daß höchst wahrscheinlich in dem Jagdbilde der Nibelungen des Riesenelenns gedacht sei. Nach der Simrockschen Uebersetzung des Heldenbuchs heißt es nämlich:

„Darauf schlug er wieder   einen Büffel und einen Elk
Vier starke Auer nieder   und einen grimmen Schelk."

Im Original steht „wisent", „elch" und „schelch". Wisent (Büffel) und Ur (Auer) — Bison und Auerochse — zwei Arten oder Spielarten wilder Ochsen — sind sich erfahrungsmäßig so nahe verwandt, als es dem Klange nach Elk (Elch) und Schelk (Schelch) sind. Daß der Elch das noch lebend vorhandene Elenn ift, dürfte als unzweifelhaft anzunehmen sein. Elch oder Elk ist die Benennung, welche das Elenn in der Mehrheit der Sprachen der nordischen Länder führte. Professor Bujack stellte die Ansicht auf, daß Elch das weibliche Thier, Schelch aber das männliche bezeichnet haben möge. Warum sollte aber der Name des weib= lichen Thieres in der Sprache als Bezeichnung für beide Ge= schlechter geblieben sein, während der Name des männlichen Thieres untergegangen wäre. Das Umgekehrte hätte viel mehr Wahrscheinlichkeit für sich. Näher liegt die Annahme, daß der Schelch ein dem Elch ähnliches, aber davon verschiedenes Thier gewesen ist. Für die Existenz des Schelchs der Nibelungen haben wir auch noch historische Beweise aus dem zehnten und eilften Jahrhundert. Es heißt nämlich in einer Urkunde Ottos des Großen, welche Baldrich, Bischof von Utrecht, im Jahr 943 von dem genannten Kaiser erwirkte, nach dem übersetzten Grundtext: Niemand soll sich ohne die Erlaubniß des Bischofs Baldrich herausnehmen in dem Drenter Forst — zwischen der Vechte und Ems — Hirsche, Bären, Rehe, Schweine und vorzüglich die Thiere zu jagen, welche im Deutschen Elo oder Schelo genannt worden. Eben diese Bestimmung findet sich in einer zweiten Urkunde Heinrichs II. vom Jahre 1025 für den Bischof Adel= heid. Wenn es in diesen Urkunden heißt: „Elo oder Schelo", so kann mit den beiden Namen nicht ein und dasselbe Thier ge= meint gewesen sein, denn das Nibelungenlied unterscheidet den Elch sehr bestimmt vom Schelch, und bezeichnet den letzten noch besonders dadurch, daß es ihn „den grimmen" nennt. Das fremde o am Ende der beiden Namen in jenen Urkunden mag durch Umwandlung des ch oder g in o, vielleicht blos beim Ab= schreiben entstanden sein." So wird es also sehr wahrscheinlich, daß das Riesenelenn, wovon man auch mehrere Exemplare in

Deutschland im aufgeschwemmten Lande aufgefunden hat, erst in späten historischen Zeiten ausgestorben ist. Immer wäre dies aber schon alt genug, um dem Torf ein hohes Datum zu geben.

Mit dem großen Mastodont (Mastodon giganteus) aus den Torfmooren von Virginien mag es sich ähnlich verhalten. Man hat dort sogar zwischen den Knochen des Riesenthieres noch den häutigen Sack des Magens gefunden, welcher erkenn= bare Pflanzenreste — die zermalmte Nahrung — enthielt.

Uebrigens liegt es nahe, daß Haus= und wilde Säugethiere leicht in den Torfmooren versinken und darin eingehüllt werden. So hat man denn auch an vielen Orten die Leichen gefunden, nämlich von Schafen, Ochsen, Pferden, Schweinen, Edelhirschen, Dammhirschen, Elenn= und Raubthieren, Bibern, Ottern und Bären. Reste von Vögeln sind selten. Auch Süßwasserschild= kröten, Frösche, Fische, Insekten und Mollusken sind im Torf oft in Menge angetroffen worden, ebenso Infusorien in größern Zusammenhäufungen; es können die letztern nur bei der Bildung des Torfs in denselben entstanden sein.

Auch mehrere im Torf aufgefundene menschliche Leichen können ein hohes Alter desselben beweisen. In einem Torfmoor auf den Besitzungen des Grafen Moira in Irland wurde eine Leiche gefunden, eilf Fuß tief im Torf. Der Körper war mit einem härenen Gewande bedeckt (man vermuthet, daß es aus den Haaren des Riesenelenns gemacht sei). Das würde auf ein hohes Alterthum schließen. Im Jahr 1747 fand man auf der Insel Axholm in Linkolnshire, sieben Fuß tief im Torfe eine weibliche Leiche mit antiken Sandalen an den Füßen. Nägel, Haare und Haut waren noch ganz frisch, die Haut weich und faltenlos und nur braun gefärbt. Im Jahr 1830 fand man in einem Torfmoor bei Haßleben in Thüringen zwei vollständige noch mit Fleisch

und Haaren versehene Leichen, welche nach ihrer Kleidung und
den goldenen Spangen an den Händen und Füßen, aus der
Zeit von Julius Cäsar oder Augustus herrühren sollen. Das
antiquarische Museum zu Kopenhagen bewahrt eine mumien=
artige weibliche Leiche aus einem Torfmoore von Heraldskioer in
Jütland, welche mit Haken an einem Pfahl befestigt war. Alter=
thumsforscher schlossen von den Resten ihrer Kleidung mit ziem=
licher Gewißheit, daß sie aus der letzten Periode des Heidenthums
herrühren, und Peterson hat zu beweisen gesucht, daß diese Mumie
der Körper der Königin Gunehilde aus Norwegen sei, von der
man weiß, daß sie König Harald Blaatand im Jahr 965 durch
das Versprechen, sie zu heirathen, nach Dänemark lockte, und
sie dann in ein Torfmoor versenken ließ. Jacob Grimm hat
dargethan, daß das Versenken von Verbrechern in Sümpfen —
man nannte es „den Gnabelbank geben" — bis zum zwölften
und dreizehnten Jahrhundert noch im Brauche war. — Noch
viele andere Beispiele von im Torfe aufgefundenen menschlichen
Leichen sind bekannt.

Die oft gute Erhaltung menschlicher und thierischer Körper
im Torf ist der Humussäure und dem Gerbestoff desselben zuzu=
schreiben. Das Fleisch der Leichen ist oft dem Ansehen nach mit
Talg verglichen worden, und dürfte in Fettwachs umgewandelt
sein, welche Art der Umwandlung auch oft bei menschlichen Lei=
chen von alten Kirchhöfen beobachtet worden ist.

Erzeugnisse des menschlichen Kunstfleißes aus den verschieden=
sten alten Zeiten trifft man in und unter dem Torf an: Stein=
äxte, Pfeilspitzen, Münzen, Ringe, Geschmeide und Gefäße
von Bronze und Gold, Thongefäße, selbst nicht selten Kähne
primitiver Art (sogenannte Einbäume). Man erinnere sich da=
bei der zahlreichen Funde im Torf bei den Pfahlbauten in der

Schweiz und in andern Ländern, so wie der Bronze= und Goldfunde aus demselben in Dänemark, welche in dem reichen Kopenhagener Alterthums=Museum aufbewahrt werden.

Hölzerne Straßendämme, römische gepflasterte Straßen, Zäune, selbst aus Holz gezimmerte Gebäude sind unter mächtiger Torfablagerung an mehreren Orten aufgefunden worden.

Auch die Ueberlagerungen des Torfs von andern Gebirgs= massen können Zeugniß von einem sehr hohen Alter desselben ab= geben. Wenn z. B. bei vielen Mooren in den Küstenländern der Nord= und Ostsee die Torflager von diluvialen Schlamm= und Sandgebilden überdeckt sind, so gehören sie gewiß einer alten Zeit an, in welcher Meeresfluthen sie überschwemmt haben.

Sehr trockene Torfmoore gerathen nicht selten in heißen Sommern durch Selbstentzündung in Brand. In den Karpathen, wo sehr ausgebreitete Torfmoore vorkommen, brennen diese oft den ganzen Sommer hindurch, bis die regnigte Jahreszeit ein= tritt. Ebenfalls in der weiten Erstreckung des hohen Venns aus dem Regierungs=Bezirke Aachen bis weit in das belgische Gebiet hinein haben sich in sehr heißen Jahren, so 1684, 1800 und 1825, bedeutende Moorbrände ereignet, welche bis in den Winter andauerten, und wobei sich das Feuer 12 Fuß tief in die Torf= Lagerstätte erstreckte. Bei dem sogenannten Moorbrennen in den nordwest=deutschen Mooren (von diesen sogleich) verbreitet sich oft das Feuer zufällig über ausgedehnte Moorgebiete.

Der trockene Nebel, unter dem Namen Höhe= oder Heerrauch, auch wohl Haarrauch, Landrauch, Sonnenrauch, Moorrauch und Haiderauch bekannt, welcher sich aus den Moorgebieten des nord= westlichen Deutschlands selbst bis über die preußischen Rhein= lande und Holland verbreitet, und nachtheilig sowohl auf die Vegetation als auf das thierische Leben einwirkt, ist das Pro=

duft des Torfbrandes, nicht der Selbstentzündung, sondern des sogenannten absichtlichen Moorbrennens, wodurch eine zeitweilige Cultur des Moorbodens erzielt wird. Der davon herrühende Nebel ist nicht mit dem gewöhnlichen Nebel atmosphärischen Ursprungs zu verwechseln. Der Höherauch gibt sich als ein übelriechender Nebel zu erkennen, der Himmel sieht schmutzig blau aus, in der Höhe von einigen Graden verliert sich plötzlich die blaue Farbe, und es erscheint rings um den Horizont ein an seinem obern Theile mehr oder weniger scharf begrenzter Ring von schmutzig rothbrauner Farbe, die Sonne hat einen matten Schein, und ihr Licht spielt mehr oder weniger ins Rothe. Vielfache Beobachtungen haben erwiesen, daß der Höherauch der Zeit nach mit dem Moorbrennen zusammenfällt, und daß er nur dann sich zeigt, wenn der Wind aus der Richtung herkömmt, wo das Moor brennt. Er erscheint meistens nach Gewittern — in irrthümlicher Deutung nennt das Volk ihn daher wohl ein zersetztes Gewitter — aber die Ursache liegt darin, daß die höhern Luftschichten sich dann tiefer herab zu senken anfangen, welche zugleich die beginnende Kälte bedingen; aus gleichen Ursachen ist er trocken; auch erscheint er nur bei heiterm Wetter, weil die stürmische Luftbewegung ihn zerstreuet, er weicht dem Regen, weil dieser ihn zum Niederschlag führt, und verschwindet oft plötzlich, wenn die über dem Erdboden erwärmten aufsteigenden Luftströme ihn mit sich den höhern Regionen weiter führen oder durch Verdünnung unbemerkbar machen.

Um die Moore zur Cultur vorzubreiten, wird die Oberfläche im Herbst umgehackt, damit die Schollen im Winter austrockenen können. Ist dann der Mai trocken, so werden sie im Mai angezündet. Auf dem rauchenden Acker befördert der Arbeiter mit Gabeln und andern Werkzeugen die Verbreitung des Feuers, unter-

drückt aber das hellauflodernde durch Ueberschüttung von unver=
brannten Schollen, und sucht auf diese Weise ein blos rauchendes
Schmölen zu bewirken. Durch das Moorbrennen wird der Kali=
gehalt der Haidekräuter aufgeschlossen. Ist derselbe von der Buch=
weizen=Cultur verbraucht, so hört die Körnerbildung auf, und erst
wenn nach zwei bis drei Decennien das Haidekraut wieder aufge=
wachsen ist, kann die Wiederholung der Brandcultur eintreten. Fink,
der vorzüglich die schädlichen Verhältnisse des Moorbrennes in das
gehörige Licht gestellt hat, schätzte früher, daß die abgebrannte
Oberfläche im nordwestlichen Deutschland jährlich 50,460 Morgen
betrage und die Quantität verbrannter Produkte, welche dadurch
in die Atmosphäre gelange, zu mehr als 1800 Millionen Pfunde.
Nach dieser großen Menge fremdartiger Elemente in der Atmo=
sphäre, welche den freien Durchgang des Sonnenlichts stören und
nachtheilig auf dem Athmungsproceß der Thier= und Pflanzen=
welt einwirken, ist die Schädlichkeit des Höherauchs nicht schwer
zu erfassen.

Zur Unterdrückung des Moorbrennens als der Ursache des
Höherauchs ist im Jahr 1870 in Bremen eine Anzahl patrioti=
scher und sachkundiger Männer aus den verschiedenen Gegenden in
der Nähe des nordwestlich=deutschen Moorgebiets zusammengetreten,
und hat den „Verein gegen das Moorbrennen“ gegründet. Mit
großem Beifall wurde sogleich dieses Unternehmen sowohl im
Lande, als auch in weiter Ferne aufgenommen, und es fehlte
dem Verein nicht an freiwilligen Geldbeiträgen, um seine Absichten
in's Werk setzen zu können; sogar aus dem entfernten Aachen
erhielt er von der Aachen=Münchener Feuer=Societät eine nam=
hafte Geldspende. Der Verein hat es auch an umsichtiger Thä=
tigkeit seitdem nicht fehlen lassen, wie seine gedruckten Rechen=
schaftsberichte genügend ausweisen. Bis jetzt ist schon durch seine

Beſtrebungen für den Zweck Erfreuliches erreicht worden. In einem der mächtigſten Moorgebiete, dem ſogenannten Gifhorner, hat die Köngl. Finanz-Direction zu Hannover die abgelaufenen Pachtverträge für ſogenanntes Brandland, d. h. für das Moor=brennen, nicht mehr erneuert, und ebenfalls der dort arbeitenden Geſellſchaft Braunſchweigiſcher Kapitaliſten das Moorbrennen nicht mehr geſtattet. Ferner hat das großherzoglich Oldenburgiſche Staatsminiſterium eine Verordnung erlaſſen, nach welcher das Moor= und Haidebrennen vom 1. Juni bis zum 1. September allgemein im Gebiete des Landes verboten iſt. Wie es ſcheint haben dieſe Beſtimmungen ſchon vortheilhaft bis in die Rhein=gegend gewirkt, da im Laufe dieſes Sommers der Heerrauch ſchon faſt gänzlich ausgeblieben iſt. Indeß wird doch keiner bei dieſer Angelegenheit intereſſirte Staat darauf eingehen können, das Moorbrennen gänzlich zu verbieten. Die Sorge für das Beſtehen einer großen in den Moorgebieten befindlichen Bevölkerung, die ausſchließlich vom Ertrage des Ackerbaues lebt, welcher lediglich durch das Moorbrennen möglich wird, würde eine ſolche Maaß=regel nicht rechtfertigen können. Dieſes hat auch der Verein ſelbſt ſehr richtig erkannt.

Die Sache mußte daher auch von einer andern Seite gleich von Anfang angegriffen werden, und zwar von einer ſolchen, welche neben dem beabſichtigten direkten Zweck, dem Lande noch bedeutenden Gewinn nachhaltig bringen würde. Nur Kanal=bauten nach geregelten Plänen, mit den erforderlichen Schleuſen, nämlich Kanäle, welche die Moor=Gegenden durchziehen, den Waſſerſtand reguliren und die Moore nach und nach trocken legen, um den Torf regelrecht auszugewinnen und den abgetrock=neten Boden für den Acker= und Wieſenbau mit der nöthigen Düngung vorzubereiten und herzuſtellen, können das Uebel des

Moorbrennens nach und nach gänzlich beseitigen. Dabei müssen selbst größere schiffbare Kanäle angelegt werden, welche die Städte, Fabrikanlagen u. s. w. in der Umgebung des Moor= gebietes nahe berühren und selbst mit dem Meere in Verbindung stehen, um der bedeutend vergrößerten Gewinnung von Torf den Absatz zu erleichtern und die Düngungsstoffe den abgetorften Moorflächen zuzuführen. Zugleich wären in den Torfgebieten selbst größere Colonien anzulegen, deren Bewohner bei allen diesen Arbeiten Beschäftigung und Geldverdienst fänden.

Auch in dieser Weise hat der Verein schon thatkräftig gewirkt, und noch vieles dieser Art für die nächste Zukunft in Plänen vorbereitet. So ist denn von der Durchführung dieser heilsamen Bestrebungen, welche freilich auch der thätigen Unter= stützung und Beihülfe der betreffenden Regierungen bedürfen, zu erwarten, daß in nicht gar zu ferner Zukunft der breite moorige sterile Küstenstreif des Vaterlandes zum größten Theile in einen für den Acker= und Wiesenbau gedeihlichen Landesstrich umgewan= delt sein wird.

Man nimmt gewöhnlich an, daß der Torf in seiner Heiz= kraft derjenigen der leichten Hölzer entspreche. Karmarsch in Hannover hat bereits vor langer Zeit Untersuchungen über die Heizkraft vieler Hannoverscher Torfvarietäten angestellt. Aus ihnen geht hervor, daß ein Pfund Fichtenholz im Mittel 62,75 Loth Wasser, ein Pfund Buchenholz im Mittel 59,30 Loth, ein Pfund Holzkohle 118 Loth Wasser, ein Pfund weißer Torf 54,7 bis 61 Loth Wasser, ein Pfund brauner Torf 60,6 bis 62,2 Loth Wasser, ein Pfund scharzer Torf 64,1 bis 73,2 Loth Wasser verdampft hat. Hiernach wäre die Heizkraft des Torfs durchschnittlich noch größer als die des leichten Holzes. Aber um ökonomisch richtig zu rechnen, kömmt es auch auf die Zeit an, welche die Verdampfung des Wassers erfordert hat. Zeit ist Geld, besonders beim Fabrikwesen. Eine solche gleichförmige und gesteigerte Hitze ist mit dem meist nur glimmenden Torf nicht zu bewirken wie beim flammenden Holz.

Die gehörige Trockenheit des Torfes ist nicht zu unterschätzen, die Heizkraft wird dadurch bedeutend gesteigert. Man hat daher den lufttrocknen Torf gedörrt. Es geschieht dieses in England und in Bayern in über der Erde gemauerten Kammern und Kanälen. In England wird das Dörren im Großen betrieben, indem man den Torf mit leichten Rollwagen auf gitterartigen Bodenplatten in die Kanäle führt, durch welche heiße Luft durchstreift. Der gedörrte Torf ist sehr hygroskopisch, daher ist es zu vermeiden, Vorräthe von Dörrtorf lange unbenutzt zu lassen.

Seit vielen Jahren hat man sich mit dem Pressen des Torfs vielfach beschäftigt, und sind dazu Pressen von sehr verschiedener Construktion angewendet und in England und Deutschland dafür Patente ertheilt worden. Es wäre für die Steigerung des Heizwerths des Torfs großes gewonnen, wenn es erreicht würde, in ökonomischer Weise den Torf so zu komprimiren, daß er im halben oder noch geringerm Volum dieselbe Quantität zum Brennen nutzbare Bestandtheile enthielte, als der blos lufttrockene oder gedörrte Torf. Nur faseriger Torf gibt ziemlich beim Pressen das Wasser von sich, bei kohligem Torf entweicht die Masse selbst mit dem Wasser, und höchstens verliert nur der äußere Theil der Torfziegel das Wasser, während es im Innern zurückbleibt. Dazu ist die Handarbeit bei den bisher angewendeten Maschinen zu kostbar. Der Bremer Verein gegen das Moorbrennen in Gemeinschaft mit dem Executiv-Comitée der internationalen landwirthschaftlichen Ausstellung zu Bremen hatte im Jahr 1874 drei Preise von 2000, 1000 und 500 Mark ausgeschrieben für die beste Methode der Massenproduktion eines weithin transportfähigen Torfs, unter der Bedingung, daß die betreffenden Concurrenten ihre Maschinen am 4. Juni auf den Mooren bei Oldenburg praktisch in Thätigkeit zu setzen hätten. Außer einem Torfschiff für das Torfbaggern und einer Torfmisch= maschine, wurden 7 Torfformmaschinen, nämlich 6 mit Dampf= kraft und eine mit einem einpferdigen Göpel, vorgeführt. Der Preisrichter=Ausspruch erging aber dahin, daß zwar manches Zweckmäßige und Neue bei den meisten Maschinen anzuerkennen sei, daß aber keine derselben dem Wortlaut der Preisausschreibung entspräche, weshalb nur für das Torfschiff eine goldene und für die andern Maschinen eine silberne Medaille verliehen wurde. Das Problem des zweckmäßigen und ökonomischen Pressens des Torfs wäre also hiernach noch nicht völlig gelöst. Indeß wird doch schon auf einigen Torfstechereien das Material mit Maschinen gepreßt. Für Braunkohlen ist das Pressen besser geeignet, und dafür schon vielorts in Anwendung gebracht.

Koaks aus Torf sind zu locker, und schon deshalb zur hüttenmännischen Verwendung wenig geeignet, vor dem Gebläse sprühen die Torfkoaks stark und fliegen in Stücken oder Staub umher. Der meist sehr bedeutende Aschegehalt der Torfkohle, welcher 10, 15, 20 und mehr Procent beträgt, ist ein wesent= licher Nachtheil. Trockener Torf hinterläßt beim Verbrennen nur beiläufig 25 Procent Torfkohle, während Steinkohle un= gefähr 75 Procent Koaks gibt. Dennoch hat man an ver= schiedenen Orten Koaks aus Torf dargestellt, oft nur versuchs= weise.

Jeder Torf, blos mit Ausnahme einiger Varietäten, welche zu reich an Asche sind, kann im lufttrockenen oder gedörrten Zu= stande zu allen häuslichen und fabrikmäßigen Feuerungen gut ver=

wendet werden, selbst bei den Kesseln der Dampfmaschinen, und für die Lokomotiven der Eisenbahnen ist er in Bayern schon seit langen Jahren in Anwendung. Bei metallurgischen Hüttenprocessen, in welchen das Brennmaterial in unmittelbarer Verbindung mit den Erzen gebracht werden muß, ist der Torf dagegen wenig zu empfehlen, namentlich verschlechtert er die Qualität des Eisens. Man hat ihn allerdings bei einigen Hohöfen in Verbindung mit Holzkohlen angewendet, ob aber mit Vortheil, möchte sehr zweifelhaft sein. Torfkoaks würde sich besser zum Eisenschmelzen eignen als roher Torf, aber auch nur in der Voraussetzung, daß sie nicht zu locker und verdrückbar wären, welche Eigenschaft aber dabei kaum zu erlangen ist. Zum Puddeln des Eisens ist dagegen der rohe Torf recht gut zu verwenden, und dieses ist auch bereits in verschiedenen Gegenden praktisch geworden. Bei denjenigen Operationen des Eisenhüttenmannes, welche blos eines Glühfeuers zur Hervorbringung der Schweißhitze bedürfen, z. B. in Glüh= und Schweißöfen für Streck=, Zain=, Schaufel= und Kartätschenhämmer ist die Verwendung des Torfs ganz angebracht, nicht aber beim Frischen des Eisens nach alter Methode (Luppen=feuern). Ueberall darf man zur Bearbeitung des Eisens in irgend' einer Art keinen vitriolhaltigen Torf benutzen, weil dadurch das Produkt rothbrüchig wird.

Neben der Benutzungsweise des Torfs als Brennmaterial sind seine übrigen praktischen Verwendungen meist sehr unter=geordnet. Die sogenannten Moorbäder, welche in Marienbad und Franzensbad in Böhmen und auch in andern Bädern durch Zusatz von Torf zum Mineralwasser bereitet werden, so daß das Bad aus einem Torfbrei besteht, sollen sehr wirksam sein gegen gewisse Krankheitsformen. Der Vitrioltorf wird an einigen Orten z. B. zu Kamnig und Schmelzdorf bei Neiße in Schlesien, bei

Moschwig und Trossin unfern Eilenburg bei Helmstädt und früher auch zu Schwarzenbroich bei Düren, zur Darstellung von Eisenvitriol verwendet, indem man den Torf auslaugt und dann die Lauge einsiedet und krystallisiren läßt. In alter Zeit hat man in Holland aus dem gewöhnlichen Torf durch Auslaugen und Versieden Kochsalz dargestellt. Man hat aus dem Torf Paraffin fabrikmäßig gewonnen, doch wird angegeben, daß dieses kein rentables Geschäft sei, die Fabriken sollen wieder eingestellt sein. Man verwendet den Torf als Düngmittel, indem er entweder allein auf lockeren Sand- und Lehmboden gestreuet, oder mit animalischem Dünger oder Kalk vermischt wird. Auch die Torfasche wird als Wiesendünger benutzt, jedoch darf man die rothe eisen- und vitriolhaltige dazu nicht verwenden. Die Düngkraft des Torfs und seiner Asche dürfte aber eine sehr geringe sein.

Die Kohle von leichtem Torf soll, nach in England gemachten Versuchen, sich vorzüglich zur Fabrikation des Schießpulvers eigenen, selbst für diesen Zweck besser sein als Eichenholzkohle. Indeß möchte man daran doch zweifeln.

Man hat auch aus dem Torfe versuchsweise Leuchtgas, Erdöl, Gerbstoff gewonnen, welche Benutzungsweisen wohl kaum irgend lohnende Anwendung gefunden haben. Gleiches ist von der Papier-Fabrikation aus Torf zu sagen. Bei den neuen Methoden aus Holz, durch mechanische Zertheilung der Holzfaser oder ihrer Auflösung auf chemischem Wege, Papier zu fabriciren, welches im Großen bereits sehr praktisch geworden ist, wird wohl Niemand daran denken, den viel weniger dazu geeigneten Torf in gleicher Weise zu verwenden.

Auf den Hochebenen von Schottland bauen sich die Bauern Hütten von Torf. Man hat auch wohl die Fachwände von Holzbauten mit Torfziegeln ausgefüllt, was freilich, der Feuersgefahr wegen, nicht zu empfehlen ist. Auf Schonen werden Dächer mit Beihülfe von Rohr und Schilf mit Torf gedeckt. In Norwegen wird er zur Erbauung von Dämmen verwendet, indem man den Raum zwischen zwei Mauern mit Torfziegeln ausfüllt.

Viel Brauchbares aus dem Gebiete der Torftechnik, namentlich über die Gewinnung und Bereitung, Verkohlung, Destillation des Torfs und seine Verwendung als Brennmaterial enthält das zierliche Buch vom Professor Dr. August Vogel, dessen Titel in der umstehenden Literatur angegeben ist. Die ausgeführten und schönen, dem Texte eingedruckten zahlreichen Holzschnitte erleichtern besonders das Verständniß. Auf ein größeres bezügliches technisches Detail konnte in der gegenwärtigen kleinen Schrift nicht eingegangen werden.

Anmerkungen.

[1]) Die Literatur über Torf ist vielfach veraltet. Folgende Bücher sind bei der vorliegenden Abhandlung vorzüglich mit benutzt worden:

Dau, Neues Handbuch über den Torf. (Leipzig, 1823.)

Wiegmann, Entstehung, Bildung und Wesen des Torfs. (Braunschweig, 1837.)

Lesquereux, Récherches sur les maracis tourbeux. (Neufchâtel, 1844.) Deutsche Uebersetzung davon (Berlin 1847).

Bronn, Geschichte der Natur. B. I und II. (Stuttgart 1843.)

Griesebach, Ueber die Bildung des Torfs in den Emsmooren. (Göttingen, 1846.)

Nöggerath, Der Torf in seiner naturwissenschaftlichen und technischen Bedeutung. In der deutschen Vierteljahrsschrift (1849. Heft IV, Nr. XLVIII).

Vogel, Der Torf, seine Natur und Bedeutung. Eine Darstellung der Entstehung, Gewinnung, Verkohlung, Destillation und Verwendung desselben als Brennmaterial. Mit 44 in den Text eingedruckten Holzschnitten. (Braunschweig, 1859.)

Senft, Die Humus-, Marsch- und Limonitbildungen als Erzeugungsmittel neuer Erdbildungen. (Leipzig 1862.) Besonders wichtig für die Geologie, Chemie und Physik des Torfs.

[2]) Die Torfgeographie kann hier nicht gegeben werden, da sie dazu viel zu umfassend ist. Die Lokalitäten der Verbreitung des Torfs im deutschen Reich ist sehr eingehend behandelt in von Dechen, Die nutzbaren Mineralien und Gebirgsarten im deutschen Reiche. (Berlin, 1873.)

[3]) Sehr umfassende tabellarische Zusammenstellungen von Analysen des Torfs und seiner Asche enthält das oben citirte Werk von Senft.

[4]) Ueber die Eiszeit geben zwei Schriften der gegenwärtigen Sammlung Auskunft, nämlich Alexander Braun, Die Eiszeit der Erde (IV. Serie, Heft 94, 1870) und Dr. Justus Roth, Die geologische Bildung der norddeutschen Ebene (V. Serie, Heft 111, 1870).

Druck von Gebr. Unger (Th. Grimm) in Berlin, Schönebergerstr. 17a.